最想學會的
世界經典蛋料理

沙拉、蛋餅、主菜主食、
各國早午餐輕食，一次吃飽飽

.... 洪白陽（CC 老師） 著

朱雀文化

Part1
··········
早午餐輕食！
蛋料理

早餐是平日一天元氣的來源，
享用一份料理名師 CC 精心設計的蛋早餐，
能給你滿滿的營養與活力！
到了週末、假日睡到自然醒，
再為自己或家人準備異國風蛋輕食，
享受悠閒的早午餐時光。

法式火腿蛋吐司
FRENCH HAM EGG TOAST

3 人份

如果家中冰箱中有冰了好幾天、吃不完的吐司，取出烘烤口感可能會稍差，但丟了卻很可惜，建議拿來做這一道料理剛剛好！

材料
INGREDIENTS

吐司3片、蛋2個、火腿3片、艾曼托（emmental）或自己喜愛的起司3片、牛奶1杯（容量220毫升的杯子）、帕瑪森起司粉1小匙、無鹽奶油1大匙、西洋香菜末少許

做法
DIRECTIONS

❶ 牛奶倒入容器中，放入吐司浸泡約40秒。

❷ 蛋打入另一個容器中，加入帕瑪森起司粉拌打均勻。

❸ 取出吐司平均地沾裹做法 ❷，蛋液要沾裹均勻。

❹ 鍋中倒入 1 大匙奶油，加熱融化後，放入做法 ❸ 煎至金黃色，取出。

❺ 把火腿鋪放在做法 ❹ 上，再鋪放起司片，放入已預熱好的烤箱，以上下火 200℃烤至起司融化，取出撒上西洋香菜末即可。

🥚 CC 的烹調寶典
CC'S COOKING TIPS

1. 做法 ❺ 若家中沒有烤箱，可利用鋼材較佳的鍋子，放於其中，蓋上鍋蓋，以小火加熱讓起司融化亦可。

2. 這道料理雖然可以省略帕瑪森起司，但風味上仍略有差異。

3. 做法 ❶ 吐司不宜浸泡牛奶過久，以免口感太差，浸泡時須留意時間。

雞蛋三明治
|Egg Salad Sandwich|

2 人份
★☆☆

記憶中最樸實的美味，這是許多人從小吃到大的早餐。自己製作可以放入滿滿的蛋沙拉，吃得豐盛更飽足。

材料
Ingredients

蛋3個、無鹽奶油2/3大匙、吐司4片、生菜葉2片、蕃茄片4片、艾曼托（emmental）起司2片、牛奶2大匙、鹽少許

調味料
Seasonings

鹽少許

做法
Directions

❶ 蛋去殼，放入容器中，倒入牛奶，加入鹽拌勻。

❷ 取一個小鍋，鍋中倒入奶油加熱融化，然後倒入做法 ❶ 以筷子稍微攪拌，蓋上鍋蓋，等蛋液快凝固（還沒完全凝固），以平鏟整成長形，取出切成 2 份方形。

❸ 取一片吐司平放，依序排放生菜、蕃茄片、起司片、做法 ❷ 的蛋片，最後再蓋上一片吐司片，對切即可。

🥚 CC 的烹調寶典
| CC's Cooking Tips |

生菜洗淨後放在冰水內 15 分鐘，取出瀝乾水分才能去掉菜腥味，並且增加生菜葉鮮脆度。

3 人份

班尼迪克蛋
| EGG BENEDICT |

這是CC外出旅遊時，在飯店吃早餐一定要點的。搭配滑順濃稠的清新酸味荷蘭醬，可以說是這道料理的靈魂，豐富了味蕾。所以掌握好吃的荷蘭醬的做法，便能烹調出完美的班尼迪克蛋。

材料
INGREDIENTS

常溫蛋3個、漢堡麵包或法國麵包或比斯吉或鬆餅3個、生菜適量、煙燻鮭魚適量、白酒醋1大匙、鹽1/4大匙

荷蘭醬
HOLLANDAISE SAUCE

蛋黃3個、白酒醋2大匙、檸檬汁1大匙多一點、融化無鹽奶油65克、鹽和白胡椒粉少許

做法
DIRECTIONS

❶ **煮水波蛋：**煮一鍋沸水，倒入白酒醋、鹽，改成中小火。取一個蛋剝掉殼，放入碗中。拿湯杓在沸水中以相同方向畫圈圈，打出漩渦狀，慢慢把蛋倒入，不要攪動，改用小火煮。

❷ 輕輕以湯匙將蛋白整好，不能沾到鍋子，小火煮約 3 分鐘，用漏杓撈出水波蛋，放在廚房紙巾上吸掉水分，再繼續放入下一個蛋（需等上一個蛋白煮至凝聚，才可再放下一個蛋）。

❸ 取出喜愛的麵包放入盤中，依序鋪放生菜、煙燻鮭魚，再鋪放水波蛋。

❹ **製作荷蘭醬：**鍋內倒入水（約 3～5 公分高），取一個不鏽鋼容器放於鍋內，先倒入蛋黃，打成蛋汁，開小火，繼續加入白酒醋、鹽和白胡椒粉打勻，持續以最小火加熱，一邊將蛋黃攪打至起泡至黏稠狀，熄火。

❺ 融化無鹽奶油分次、一點點慢慢加入做法 ❹ 拌至融合，再加入檸檬汁拌勻，即成荷蘭醬。如果味道不夠，可酌量以鹽、白胡椒粉調味。

❻ 將荷蘭醬淋在水波蛋上即可享用。

白酒醋

🥚 CC 的烹調寶典 | CC's COOKING TIPS |

1. 白酒醋比一般白醋、水果醋的酸度低，多用來醃漬、肉類和海鮮的調味，以及製作油醋醬等，更是這道料理中荷蘭醬不可缺的材料。

2. 白酒醋、檸檬汁讓荷蘭醬清爽不油膩，並帶有酸甜風味，除了搭配班尼迪克蛋，還可以搭配汆燙過的蘆筍一起享用，就成了另一道清爽的異國風名菜了。

3. 不喜歡吃煙燻鮭魚的話，可以改搭配現切火腿片、煎至焦香的培根，或者煎烤醃雞肉後切片食用，一樣美味。

15

馬鈴薯泥水煮蛋
| Potato Egg Mayo Salad |

4 人份

這道料理有很多種做法，CC則偏愛在薯泥中加入小黃瓜和第戎芥末醬，更添風味層次，吃過便難以抵擋。

材料
INGREDIENTS

蛋適量、馬鈴薯600克、小黃瓜1條、小蕃茄2個、美乃滋100克、西洋香菜少許

調味料
SEASONINGS

第戎芥末醬1大匙、鹽和胡椒粉適量、糖1/2小匙

做法
DIRECTIONS

1. 煮一鍋沸水，放入蛋煮約10分鐘，取出沖涼，再放入冰水中泡約6分鐘，取出蛋剝掉殼，將上方切開，挖出蛋黃。
2. 馬鈴薯放入蒸鍋內煮至熟軟，取出去除外皮，放入調理盆內壓成泥。
3. 小黃瓜切圓片，撒入少許鹽拌勻，放約10分鐘後將滲出的水倒掉。
4. 將調味料倒入做法 ② 中，再放入煮熟的蛋黃，加入美乃滋拌勻，最後放入小黃瓜拌勻。
5. 將做法 ① 中切好的蛋排放好，填入做法 ④ 即可食用，也可如圖片中加上小蕃茄、西洋香菜點綴。

CC 的烹調寶典
| CC'S COOKING TIPS |

如果希望這道菜更豐盛、華麗，可在馬鈴薯薯泥上放一尾煮好、去殼的鮮甜蝦子，風味更佳。

3 人份

和風溫泉蛋
|JAPANESE ONSEN EGG|

搭配柴魚風味湯汁一起食用的溫泉蛋，半熟軟嫩的口感，加上清爽甘甜，是最受大家喜愛的蛋料理之一。

材料
INGREDIENTS

蛋3個、葛粉條80克、蔥花5大匙、柴魚片適量

調味料
SEASONINGS

味醂1大匙、鰹魚醬油1大匙、淡味醬油1/2大匙

做法
DIRECTIONS

❶ **煮溫泉蛋：**將蛋放入鍋內，倒入水（水量需蓋過蛋），不用蓋上鍋蓋，煮至水溫70℃，熄火，讓蛋直接在鍋中浸泡10～12分鐘，再取出放入冰水中浸泡6分鐘，取出。

❷ 葛粉條放入沸水煮10分鐘，取出放入冰水中泡5分鐘，撈出瀝乾水分，分成3等分，分別放入容器中。

❸ 將做法 ❶ 煮好的蛋剝掉殼，分別放在葛粉條的上面，淋上調味料，撒上蔥花、柴魚片即可享用。

CC 的烹調寶典
| CC'S COOKING TIPS |

煮好的溫泉蛋要馬上放入冰水中泡，才能維持蛋白與蛋黃的口感。此外加上葛粉條食用，更清爽滑順。

3人份
★☆☆

綠野火腿起司焗蛋
|Baked Spinach Ham Egg Bread|

菠菜與水波蛋的組合，完全就是營養滿點的保證。我選用了兩種不同風味的起司搭配，加上外脆內軟的麵包片，在家也能享用主廚級的豐盛早午餐。

材料
INGREDIENTS

蛋3個、菠菜100克、法國麵包3片、火腿100克、艾曼托（emmental）起司3片、帕瑪森起司粉少許、白酒醋1大匙、鹽1/4大匙、無鹽奶油適量

做法
DIRECTIONS

❶ **煮水波蛋**：煮一鍋沸水，倒入白酒醋、鹽，改成中小火。取1個蛋剝掉殼，放入碗中。拿湯杓在沸水中以相同方向畫圈圈，打出漩渦狀，慢慢把蛋倒入，不要攪動，改用小火煮。

❷ 輕輕以湯匙將蛋白整好，不能沾到鍋子，小火煮約3分鐘，用漏杓撈出水波蛋，放在廚房紙巾上吸掉水分，再繼續放入下一個蛋（需等上一個蛋白煮至凝聚，才可再放下一個蛋）。

❸ 菠菜放入沸水中汆燙熟，取出瀝乾水分後切碎。

❹ 將法國麵包放入已預熱好的烤箱，以上下火130℃烤至外酥內軟，取出塗抹適量奶油，放上火腿。

❺ 將菠菜碎鋪放在火腿片上，依序放上起司片、水波蛋，撒上帕瑪森起司粉，放入已預熱好的烤箱，以上下火220℃烤2～3分鐘，取出即可食用。也可在表面再刨入些許帕瑪森起司，撒上匈牙利紅椒粉增加風味。

艾曼托起司

 CC的烹調寶典 | CC'S COOKING TIPS |

卡通影片中小老鼠偷吃的起司，便是這款艾曼托（emmental）起司。它是瑞士極著名的起司，屬於半硬質類，具有多種香氣：青草、堅果，以及淡花香和微微燃燒木屑味。適合做焗烤、鹹派、開胃菜和三明治，以及搭配堅果一起食用。保存時，以保鮮膜封好放入保鮮盒，放於冰箱冷藏（3～9℃）即可。

烘蛋蛋堡酪梨醬

|Egg Crepe and Meat Ball Hamburger with Avocado Paste|

3人份 ★★☆

CC最愛酪梨了，所以想將酪梨和營養的雞蛋一起介紹給大家！以蛋皮當作漢堡皮，加上好吃的漢堡肉、酪梨醬，獨特的蛋堡就可以上桌囉！

材料
INGREDIENTS

蛋6個、絞肉（中絞）300克、洋蔥末4大匙、蛋液1/2個、麵包粉3大匙、牛奶50c.c.、麵粉適量、起司片3片、瑞可塔（ricotta）起司2大匙、玉米粉2大匙、牛蕃茄1個、生菜適量

酪梨醬
AVOCADO PASTE

小酪梨1個、培根2片、牛蕃茄1/2個、檸檬汁1大匙、黑胡椒鹽適量

調味料
SEASONINGS

黑胡椒粉1小匙、鹽1/3小匙、荳蔻粉1/4小匙

做法
DIRECTIONS

❶ **製作酪梨醬：**牛蕃茄切丁。培根放入鍋中，乾鍋煎烤至微焦黃，取出瀝乾油分，切碎。

❷ 酪梨切對半，取出果核，挖出果肉壓成泥，放入容器中，加入做法 ❶、檸檬汁和黑胡椒鹽拌勻即可。

❸ **製作漢堡肉：**牛蕃茄切片。

❹ 鍋中倒入少許油，放入洋蔥末炒透（呈淡茶褐色），取出放涼備用。麵包粉放入牛奶中浸泡約5分鐘。

❺ 絞肉放入容器中，倒入做法 ❹、調味料和蛋液，拌至有黏性，分成 3 等分的圓球，再壓扁成 3 個圓形漢堡肉。漢堡肉均勻地沾上麵粉，放入鍋中煎熟，取出。

❻ **煎蛋餅皮：**6 個蛋去殼，放入容器中，加入調味料、瑞可塔起司和玉米粉，以攪拌器拌勻成蛋餅液，倒入塗上少許油的鍋中，煎成數片如漢堡包般大小的蛋餅皮。

❼ 取 1 張蛋餅皮放在平盤上，依序鋪放上牛蕃茄片、生菜葉、漢堡排和起司片，再蓋上一片蛋餅皮，搭配酪梨醬享用。也可以像圖片中，將酪梨醬放在起司片上，蓋上蛋餅皮直接享用。

酪梨與瑞可塔起司

 CC 的烹調寶典 | CC's COOKING TIPS |

1. 味道清爽、雪白色的瑞可塔起司，是義大利知名的未發酵新鮮起司，對乳蛋白過敏的人也可以食用。多用於製作蛋糕、甜品，或與其他起司、蛋混合烹調料理。這道料理中，也可改用馬斯卡彭（mascarpone）起司取代。購買回來後要直接放在冷藏保存，並注意食用期限。

2. 風味濃郁、營養價值高的酪梨又叫鱷梨、奶油果、油梨，一般多用來打果汁，而它獨特的風味與口感，可搭配蝦子做壽司、沙拉或是墨西哥酪梨醬，醬可用於墨西哥餅，或者塗於法國麵包上食用。

2 人份 ★☆☆

野菇吐司蛋沙拉
|MIXED MUSHROOMS EGG TOAST SALAD|

除了香菇、蘑菇，也可以選用自己喜愛的菇類食材，像杏鮑菇、波特菇煎烤，一樣好吃！

材料
INGREDIENTS

各式生菜適量、櫻桃蘿蔔適量、厚片吐司2片、蛋2個、新鮮香菇4朵、蘑菇8朵

沙拉醬
SALAD DRESSING

初榨橄欖油（extra virgin）6大匙、巴沙米可醋（balsamico）2大匙、鹽適量、黑胡椒粉1小匙

做法
DIRECTIONS

❶ 生菜洗淨，櫻桃蘿蔔洗淨後切薄片，全部放入冰水中浸泡 15 分鐘，撈出瀝乾水分。

❷ 吐司放在烤盤內，將吐司中間壓一個凹洞，蛋去殼後放入凹洞內，放入已預熱好的烤箱，以上下火 160℃烤至蛋白凝固，取出。

❸ 菇類食材切片，放入鍋內煎烤至熟後取出，或放入已預熱好的烤箱，以上下火 180℃烤熟後取出。

❹ **製作沙拉醬：**將所有材料拌勻即可。

❺ 將生菜鋪於盤中，擺上吐司蛋，在綜合生菜沙拉四周放上煎烤野菇，最後淋上沙拉醬即可享用。

香菇

 CC 的烹調寶典 | CC'S COOKING TIPS |

1. 香菇煎烤後口感清甜、Q彈，可以選傘面大一點、肉質較厚的煎烤，獨特的清香，是搭配生菜沙拉的好食材。

2. 蛋黃可依個人喜愛的熟度決定烘烤時間。此外，喜愛起司的話，可再撒上適量現磨帕瑪森起司。

2 人份
★☆☆

野菜烘蛋沙拉
|VEGETABLES SPANISH OMELET SALAD|

這道沙拉有營養滿點的烘蛋和各種當季食蔬，是減重塑身、假日早午餐的最佳輕食料理！

材料
INGREDIENTS

各式生菜適量、櫻桃蘿蔔適量、黑橄欖2顆、食用花適量、蛋4個、馬斯卡彭（mascarpone）起司4大匙、黃甜椒1/2杯（容量220毫升的杯子）、牛蕃茄1/2杯、玉米粒罐頭1/2杯、帕瑪森（parmesan）起司粉適量、初榨橄欖油（extra virgin）4大匙

調味料
SEASONINGS

鹽、黑胡椒粉適量

做法
DIRECTIONS

❶ 生菜洗淨，櫻桃蘿蔔洗淨後切薄片，全部放入冰水中浸泡 15 分鐘，撈出瀝乾水分。

❷ 黑橄欖切片；黃甜椒、牛蕃茄切丁；玉米粒罐頭倒掉煮汁。

❸ 蛋去殼，放入容器中，加入調味料、馬斯卡彭起司，以攪拌器拌勻，再加入牛蕃茄、黃甜椒、玉米粒和帕瑪森起司粉拌勻，分成 2 等分。

❹ 平底鍋中倒入 1 大匙橄欖油，等油熱了（約 150℃），先倒入 1 份的做法 ❸，煎至蛋液凝固，再翻面煎熟，一共煎 2 份烘蛋，取出放入盤子中。

❺ 將生菜、櫻桃蘿蔔和黑橄欖撒在 1 份烘蛋上，淋上 1 大匙橄欖油，另一份烘蛋也相同。

櫻桃蘿蔔

CC 的烹調寶典 | CC'S COOKING TIPS |

1. 櫻桃蘿蔔有促進腸胃蠕動、健胃的功效。根、葉都可以食用，適合生食、醃漬、醋漬、涼拌、做沙拉，也常用來點綴料理。

2. 也可以用瑞可塔（ricotta）起司取代馬斯卡彭起司。帕瑪森起司建議買塊狀的，欲使用時再磨成粉，現磨的比較香。

鮮綠蔬果蛋捲
|VEGETABLES AND FRUITS EGG ROLL|

4人份
★☆☆☆

每當CC嘴饞想吃炸春捲，又擔心攝取過多熱量時，就喜歡做這道熱量較低的蔬果蛋捲取代春捲，口感清爽不膩，大家一起來試試。

材料
INGREDIENTS

蘆筍8支、芹菜1～2支、蘋果1個、蛋6個、玉米粉1½大匙、生菜適量、小黃瓜1條

沙拉醬
SALAD DRESSING

美乃滋100克、檸檬汁1大匙、綠芥末1/2大匙

做法
DIRECTIONS

❶ 蘆筍放入沸水中汆燙熟，取出；芹菜放入沸水中汆燙軟，取出撕開備用。

❷ 蘋果切長條狀，浸泡鹽水 6 分鐘，取出瀝乾水分；生菜洗淨，放入冰水中浸泡 15 分鐘，撈出瀝乾水分；小黃瓜切長條狀。

❸ 煎蛋餅皮：蛋去殼，放入容器中，放入過篩的玉米粉拌勻，分成 4 等分。

❹ 不沾平底鍋倒入 1 等分蛋液，煎成蛋餅狀，一共煎 4 張蛋餅皮。

❺ **製作沙拉醬**：將所有材料拌勻即可。

❻ 取 1 張蛋餅皮平放，依序鋪上生菜、蘋果、蘆筍和小黃瓜，淋上適量的沙拉醬，將蛋餅皮從底部折上，再從旁折入，以芹菜綁成蝴蝶結即可。

各式生菜

 CC 的烹調寶典 | CC's COOKING TIPS |

生菜熱量低、含有大量纖維質且富含各種營養素，是很健康的食材。通常除了當作沙拉，還可搭配漢堡、三明治、煮湯等。可放入密封袋中保存，但盡可能趁新鮮食用。

鮪魚美乃滋蛋沙拉
|Tuna Eggs Mayo Salad|

4人份
★★★

這是CC最喜歡吃的基本款魚肉沙拉，利用易購得的鮪魚罐頭，加上蔬菜丁，輕鬆便能完成。此外，這道蛋沙拉廣受不同年齡層的喜愛，快來吃吃看！

材料
INGREDIENTS

馬鈴薯丁1/3杯（容量220毫升的杯子）、胡蘿蔔丁1/3杯、小黃瓜丁1/3杯、南瓜丁1/3杯、蛋3個、美乃滋100克、鮪魚罐頭1罐、西洋香菜末少許

調味料
SEASONINGS

鹽適量、白胡椒粉少許、糖1小匙

做法
DIRECTIONS

❶ 馬鈴薯去皮切丁；胡蘿蔔、小黃瓜、切丁；南瓜去皮後切丁。

❷ **煮水煮蛋：**備一鍋冷水，放入蛋煮約10分鐘，取出沖涼，再放入冰水中浸泡約6分鐘，取出蛋剝掉殼，對切成月牙形。

❸ 鮪魚罐頭去掉油漬或水漬，魚肉搗碎。

❹ 馬鈴薯放入沸水中煮熟，取出瀝乾水分；胡蘿蔔、南瓜也以相同方法煮熟，但不可以煮爛，放涼備用。

❺ 美乃滋倒入容器中（留下30克美乃滋），加入鮪魚罐頭（留下1大匙鮪魚肉），再加入小黃瓜丁、馬鈴薯丁、南瓜丁、胡蘿蔔丁，加入調味料拌勻。

❻ 將做法 ❺ 鋪在器皿中，擺上水煮蛋，擠上剩下的30克美乃滋，中間擺上剩下的1大匙鮪魚肉、西洋香菜末即可。

鮪魚罐頭

🥚 CC的烹調寶典 | CC's Cooking Tips |

1. 鮪魚罐頭的用途極廣，可以做沙拉、涼拌、壽司和炒飯、拌麵、拌飯等料理，CC最喜歡用來做鮪魚巧達濃湯和涼拌沙拉。如果開罐後沒吃完，必須取出魚肉放入密封保鮮盒中，放在冰箱冷藏保存。如果仍放在罐頭中冷藏，因罐頭多為馬口鐵或鋁製，很容易生鏽。

2. **美乃滋DIY：**準備好1個常溫蛋、180c.c.油、3/4小匙鹽、1大匙糖、1大匙白酒醋或檸檬汁。操作前，注意容器內不可有水分，必須擦乾。首先蛋剝掉殼，倒入容器中，倒入糖、鹽，以打蛋器打勻，然後一邊攪拌一邊慢慢倒入油，最後加入白醋或檸檬汁拌勻即可。

印尼加多加多蛋沙拉
| GADO-GADO EGGS SALAD |

4人份

加多加多又叫印尼沙拉，是印尼很流行的涼拌沙拉醬。因為加入了芝麻醬和花生醬，口味香濃，再加上酸子醬和白醋，使此醬不膩口。

材料
INGREDIENTS

蛋4個、油豆腐2塊、綠荳芽菜適量、馬鈴薯1個、四季豆適量、小黃瓜1條、牛蕃茄1個

加多加多醬
GADO-GADO DRESSING

白芝麻醬2大匙、無糖花生醬2大匙、辣豆瓣醬1大匙、酸子醬1/2大匙、白醋1½大匙、糖1/2大匙、醬油1大匙

做法
DIRECTIONS

❶ **煮水煮蛋：**備一鍋冷水，放入蛋煮約 10 分鐘，取出沖涼，再放入冰水中浸泡約 6 分鐘，取出蛋剝掉殼，切成月牙形。

❷ 馬鈴薯放入沸水中煮熟或是蒸熟，取出去皮後切塊；四季豆放入沸水中汆燙熟，取出切斜段；綠豆芽放入沸水中略汆燙一下，取出瀝乾水分。

❸ 平底鍋倒入些許油燒熱，放入油豆腐煎至酥脆，取出切塊狀。小黃瓜、牛蕃茄切塊。

❹ **製作加多加多醬：**將所有材料拌勻即可。

❺ 將做法 ❷、❸ 放入盤中，放上水煮蛋，淋上加多加多醬即可享用。

加多加多醬

 CC 的烹調寶典 | CC'S COOKING TIPS |

加多加多醬和一般西式沙拉醬最大的不同，在於它可以搭配米飯食用，但我們常見到的是混合著蛋、炸豆腐和蔬菜一起食用的。市售加多加多醬可在中和的南洋料理街，或專賣南洋食材的商店購買。可放於冰箱冷藏保存。

2人份 ★☆☆

地中海起司蘆筍烘蛋
| EGG WHITE OMELET WITH ASPARAGUS |

以蛋白為主角烹調而成的地中海風料理，清爽可口，推薦給不愛吃蛋黃的人。

材料
INGREDIENTS

蝦子4尾、蘆筍6支、綠花椰菜適量、蛋白4個、艾曼托（emmental）起司100克、小蕃茄2個、無糖鮮奶油1大匙、玉米粉1大匙、油1大匙

調味料
SEASONINGS

鹽少許

做法
DIRECTIONS

❶ 蝦剝掉殼留尾巴，背部劃開挑出腸泥，放入鍋中煎熟，或放入沸水中汆燙熟，取出備用。

❷ 蘆筍放入沸水中汆燙熟，取出放涼，留適量的蘆筍切段裝飾，其他的蘆筍切丁。綠花椰菜放入沸水中汆燙熟；起司、小蕃茄切丁。

❸ **煎蛋白餅皮：**蛋白放入容器中，放入玉米粉、調味料、鮮奶油以攪拌器攪打均勻，再放入起司丁、蘆筍丁拌勻（可做2張份量）。

❹ 平底鍋燒熱，倒入1大匙油，倒入1份做法 ❸，以小火煎熟，煎成蛋餅狀，一共煎2張蛋白餅皮，放入盤中。

❺ 放上裝飾的蘆筍段、蝦子、綠花椰菜和小蕃茄丁即可享用。

蘆筍

🥚 **CC 的烹調寶典** | CC's COOKING TIPS |

1. 蘆筍在國際上，素有蔬菜之王的美譽，營養價值極高，還有多種抗氧化物質、β- 胡蘿蔔素等，可以說是養生食材。蘆筍的獨特風味擄獲不少饕客的胃，清炒時的脆鮮、煎烤時的清香、涼拌時的清爽、煮湯更是鮮甜，無論何種烹調方式，都能品嘗到蘆筍的不同美味。保存時，可以保鮮膜包好，放在冰箱冷藏，以站立（直放）保存，2～3天內食用最佳。

2. 艾曼托起司有鹹味，以鹽調味時要更斟酌用量。

西班牙恩利蛋
|Spanish Omelet|

2人份 ★☆☆

西班牙恩利蛋就是西班牙烘蛋，不用捲直接攤平，做法更簡單。除了我建議的材料，你也可以依個人喜好加入。

材料
Ingredients

蛋3個、熟馬鈴薯丁1/4杯（容量220毫升的杯子）、洋蔥末2大匙、牛蕃茄1/2個、火腿適量、黑橄欖5顆、蘑菇5朵、牛奶2大匙、帕瑪森起司1大匙、油1大匙、無鹽奶油1大匙、西洋香菜末少許

調味料
Seasonings

鹽、黑胡椒粉適量

做法
Directions

❶ 熟馬鈴薯、牛蕃茄、火腿切丁；蘑菇、黑橄欖切片。

❷ 蛋去殼，放入容器中，加入牛奶、帕瑪森起司和適量鹽，以攪拌器拌勻。

❸ 平底鍋燒熱，倒入油，油熱後放入洋蔥末炒香，再放入火腿、蘑菇、黑橄欖、熟馬鈴薯稍微拌炒，再加入牛蕃茄，加入調味料稍微拌炒。

❹ 平底鍋燒熱，倒入奶油以小火加熱，奶油融化後倒入做法 ❷ 炒幾下，用鍋鏟修整成圓形，等蛋稍微凝固後倒入做法 ❸ 攤平，等蛋熟，撒上西洋香菜末即可，或是放入已預熱好的烤箱，以上下火 180℃烤一下即可。

黑橄欖

🥚 CC 的烹調寶典 | CC's Cooking Tips |

地中海料理中常見的黑橄欖，具有獨特香氣，含有極豐富的營養，其維生素、鈣的含量甚至超過蘋果，易被人體吸收。除了點綴料理，多用來烹調西式下酒菜、沙拉、披薩、麵包等，也可以製作醬料、燉雞肉等。開封後必須放在冰箱冷藏保存。

Part2

嘗不膩配菜！
蛋料理

喜愛吃異國料理和蛋的讀者，
CC 老師要教你如何利用最平凡的食材「蛋」，
烹調出一道道世界各國，
以及中式經典蛋料理。
連料理新手都能成功，人人都能做。
自己享用、招待朋友都適合，絕對別錯過！

泰有味海鮮滑蛋
|THAI SEAFOOD SCRAMBLED EGGS|

4人份
★☆☆

這道料理是CC去泰國旅行時，無意間挖到的一個寶，豐盛的海鮮、蛋加上適量蔬菜，既可口又營養。

材料
INGREDIENTS

白魚肉200克、蝦子150克、銀芽1大把、綠韭菜3支、蛋4個、大蒜1個、蔥1支、紅辣椒適量、高湯（參照p.63）1½大匙、酒少許、白胡椒粉少許、油2大匙

調味料
SEASONINGS

米酒1大匙、白胡椒粉少許、魚露1匙、淡醬油2大匙、糖1/3大匙

做法
DIRECTIONS

❶ 白魚肉切寬條；蝦剝掉殼留尾巴，背部劃開挑出腸泥；綠韭菜、蔥切段；大蒜、紅辣椒切片。

❷ 蛋去殼，放入容器中，加入高湯、酒拌勻。

❸ 炒鍋倒入油，油熱後放入蒜片、蔥段和辣椒片爆香，再加入白魚肉、蝦肉略炒幾下，灑入酒、些許白胡椒粉略炒幾下，立刻倒入做法 ❷、銀芽拌炒，最後加入調味料、綠韭菜拌炒幾下即可盛盤。

巴沙魚

🥚 CC 的烹調寶典 | CC'S COOKING TIPS |

1. 巴沙魚是白魚肉的一種，口感類似鱈魚。台灣的巴沙魚多從越南進口。一般多用在煎炸、燒烤、煮湯。放於冷藏必須 2 天內食用完畢，不然必須冰冷凍。

2. 綠韭菜不宜拌炒過久，以免口感差。蛋加入高湯可使炒蛋的口感更加滑嫩。

泰式酸辣蛋
|THAI SPICY EGGS|

4~5人份
★★★

這道菜是CC很推薦的泰式下飯重口味料理，令人食慾大開，而且做法超簡單，新手也能輕鬆完成。

材料
INGREDIENTS

蛋4個、香菜適量、紅辣椒末少許、碎花生適量、鹽少許

醬汁
SAUCE

泰國甜辣醬（是那差）3大匙、泰國甜燒醬2大匙、羅望子醬（酸子醬）1大匙、魚露1匙、糖1大匙、檸檬汁2大匙、香菜末3大匙、蒜末2大匙

做法
DIRECTIONS

❶ **煮水煮蛋：** 備一鍋冷水，加入鹽，放入蛋煮約10分鐘，取出沖涼，再放入冰水中浸泡約6分鐘，取出蛋去殼，對切成月牙形，放入盤中。

❷ **製作醬汁：** 將所有材料拌勻即可。

❸ 把醬汁淋在蛋上面，撒上香菜末、紅辣椒末和碎花生即可。

❸ ❶
❷
甜雞醬、魚露和
泰國甜辣醬

🥚 CC的烹調寶典 | CC'S COOKING TIPS |

1. 微辣酸甜的甜雞醬（圖中 ❶）又叫泰國甜燒醬，烤、炒、煎、煮和涼拌等烹調方式都適合。鹹鮮風味的魚露（圖中 ❷）是以小魚蝦醃漬、發酵熬製而成的汁液，是東南亞料理中的必備調味料。甜酸帶辣的泰國甜辣醬（圖中 ❸，音譯為是那差），是泰國料理中不可缺少的一種沾醬。不管是火鍋、烤肉或是炸薯條，都能沾著食用，也是烹調料理的好幫手，煎、煮、炒、炸、涼拌皆可使用。

2. 檸檬汁可依自己的喜好調整酸度。這道菜除了蛋之外，改用皮蛋也很好吃。

4~5人份

墨西哥風味炸蛋
| MEXICO FRIED EGG |

味道濃郁的辣茄醬總是讓人一吃上癮，可以用來搭配餅皮、飯食用，和著起司風味更佳，一口接著一口。

材料
INGREDIENTS

蛋4個、紅腰豆罐頭3大匙、香菜少許、起司適量

辣茄醬
CHILI SAUCE

牛蕃茄2個、香菜末1½大匙、紅辣椒末適量、洋蔥末2大匙、蒜末1大匙、檸檬汁1大匙、黑胡椒和鹽少許

做法
DIRECTIONS

❶ 蛋去殼，整顆放入160℃的油鍋內，炸至蛋白微黃後取出，瀝乾油分，放入盤中。

❷ 牛蕃茄切小丁。

❸ **製作辣茄醬：**將所有材料拌勻即可。

❹ 將辣茄醬淋在炸蛋上，撒上紅腰豆和起司，再以香菜葉點綴即可享用。

紅腰豆罐頭

 CC的烹調寶典 | CC'S COOKING TIPS |

1. 紅腰豆因為形狀很像人的腎，所以又叫腎豆，是菜豆的變種。蛋白質、鐵質含量高，是很營養的食材。多用來做甜食、燉煮肉湯、涼拌、沙拉和燉飯等料理。未開封時可放在通風陰涼處；開封後，將紅腰豆放在密封盒或保鮮袋中，放入冰箱冷藏即可。

2. 辣茄醬可鋪於煎至九分熟的雞腿，再鋪上起司，放入已預熱好的烤箱，以上下火200℃烤至起司微黃即可取出，也適用於豬排、魚排喔！

歐風茄醬焗烤蛋
|BAKED EGGS WITH TOMATO SAUCE|

2人份

這一道重口味蛋料理，是CC最喜歡的開胃好菜，豐盛的食材與濃郁的醬汁，熱熱吃，立刻獲得滿滿的元氣。

材料
INGREDIENTS

蛋2個、蒜末1½大匙、洋蔥末2大匙、蕃茄粒丁（罐頭）2/3罐、高湯（參照下方烹調寶典**3.**）或水1/4杯（容量220毫升的杯子）、蘑菇6朵、黑橄欖4個、鮮香菇3～4個、起司1/4杯、西洋香菜末少許

調味料
SEASONINGS

黑胡椒粉1/2小匙、鹽適量

香料
SPICES

月桂葉1片、義大利綜合香料1/2小匙

做法
DIRECTIONS

❶ 蘑菇、黑橄欖和香菇切片。

❷ **製作紅醬：**鍋中倒入 1 大匙橄欖油，先放入 1 大匙蒜末爆香至微黃，再加入洋蔥末炒至透亮。放入蕃茄粒丁，加入香料，倒入高湯或水，以及調味料煮 12 分鐘（鋼材好的鍋子煮約 6 分鐘即可），起鍋，即成紅醬。

❸ 鍋中倒入 1/2 大匙橄欖油，加入 1/2 大匙蒜末爆香，立即加入鮮香菇、蘑菇略炒幾下，倒入紅醬煮約 2 分鐘。

❹ 將做法 ❸ 倒入耐烤容器，撒上黑橄欖，鋪上蛋，撒上起司絲和黑橄欖，放入已預熱好的烤箱，以上下火 160℃烤至蛋白凝固，取出撒上西洋香菜末即可。

蕃茄粒丁罐頭

 CC 的烹調寶典 | CC'S COOKING TIPS |

1. 這一道菜中的主角：紅醬，是以罐頭蕃茄粒丁製作的。蕃茄罐頭在加工過程中經過高溫處理，能釋放出更多茄紅素，更被人體吸收。市售產品有整顆去皮、切丁的罐頭，讀者可依使用習慣選購。

2. 紅醬可用來烹調出義大利海鮮麵，或是做蘑菇豬排等，更能引出鮮甜風味。

3. **西式高湯 DIY：**將 300 克雞骨、300 克豬骨放入已預熱好的烤箱，以上下火 220℃烤至微焦黃，或是放入鍋中煎至微焦黃，取出放入壓力鍋或一般鍋內，加入 1 個洋蔥（切塊）、1/2 條胡蘿蔔（塊）和 2 支西芹（切塊），倒入 2000c.c. 水，以及 1 片月桂葉、1 小匙乾燥百里香和 3 支新鮮百里香（拍扁），以壓力鍋熬煮 1 小時，一般鍋子約熬煮 4 ～ 5 小時。

3~4人份

玉米鮮蝦魚蛋
|CORN SHRIMP AND FISH OMELET|

玉米和鮭魚是非常合拍的組合，再加上蛋香和蝦子的鮮美滋味，並且做法簡單，成為CC的私房快速料理。

材料
INGREDIENTS

蛋4個、去骨鮭魚300克、蝦10～12尾、罐頭玉米粒1/4杯（容量220毫升的杯子）、無鹽奶油2大匙、蝦夷蔥2大匙、牛奶1大匙

醃料
MARINATE

白酒1大匙、鹽少許

調味料
SEASONINGS

白酒1大匙、鹽1小匙、黑胡椒粉少許

做法
DIRECTIONS

❶ 鮭魚切 0.6 公分的厚片；蝦剝掉殼，背部劃開挑出腸泥。

❷ 將鮭魚和蝦子拌入醃料放置 15 分鐘。

❸ 蛋去殼，放入容器中，加入調味料、牛奶拌勻。

❹ 將鮭魚、蝦子、蝦夷蔥和玉米粒放入做法 ❸ 中拌勻。

❺ 平底鍋中倒入奶油，以小火加熱融化，倒入做法 ❹ 攤平，等蛋液凝固呈焦黃再翻面，等兩面都煎熟後，取出盛入盤中即可享用。

玉米粒

 CC 的烹調寶典 | CC's COOKING TIPS |

1. 玉米粒很適合做濃湯，也可做甜品、焗烤，搭配蛋製作沙拉。玉米粒還可以炒飯、炒麵，或搭配蔬菜烹調。未開封時可放在通風陰涼處；開封後，可放在密封盒或保鮮袋中，放入冰箱冷藏即可。

2. 如果沒有蝦夷蔥，可以用一般的蔥取代。

53

黑胡椒醬鐵板蛋
|BLACK PEPPER SAUCE WITH EGG|

2人份
★★☆

這是CC唸書時最愛吃的蛋料理！只要會做黑胡椒醬，隨時都可以來一客鐵板蛋、黑胡椒排餐、黑胡椒牛柳、豬柳和黑胡椒醬炒麵等，美食便能輕鬆上桌囉！

材料
INGREDIENTS

蛋4個、無鹽奶油或橄欖油1大匙、鹽少許

麵糊
BATTER

無鹽奶油1½大匙（或奶油1大匙＋橄欖油1/2大匙）、中筋麵粉4大匙

黑胡椒醬
BLACK PEPPER SAUCE

紅蔥頭末2大匙、蒜末3大匙、洋蔥末4大匙、粗粒黑胡椒1/5杯（容量220毫升的杯子）、白酒4大匙、高湯（參照p.63）2杯、無鹽奶油3大匙、麵糊2大匙

做法
DIRECTIONS

❶ **製作麵糊：**鍋中倒入奶油以小火加熱融化，然後慢慢一邊倒入麵粉一邊攪拌，以小火炒 8 ～ 10 分鐘。

❷ **製作黑胡椒醬：**鍋中倒入 1½ 大匙奶油，以小火加熱融化，先放入紅蔥頭末炒至微黃，續入蒜末炒至微黃，加入洋蔥末炒至呈透明淡褐色。

❸ 鍋中倒入剩下的 1½ 大匙奶油加熱，等奶油融化，先放入粗粒黑胡椒炒香，倒入做法 ❷，倒入白酒煮至酒精揮發，再倒入高湯煮約 30 分鐘（等煮滾後改小火再計時）。

❹ 將麵糊倒入做法 ❸ 中，以攪拌器拌勻，再以小火煮滾，加入鹽調味即成黑胡椒醬。

❺ 取一鐵板，鐵板上塗抹適量的奶油或喜愛的油，等油熱後放入 2 個蛋，等蛋白凝固，淋上黑胡椒醬即可享用。

黑胡椒醬

🥚 CC 的烹調寶典 | CC'S COOKING TIPS |

1. 自製黑胡椒醬既健康又美味，它可以用在牛排、豬排、魚排、羊排和雞腿的淋醬，炒牛柳、炒麵、焗田螺等。放在密封盒或保鮮袋中，放入冰箱冷藏 3 天，欲保存更久的話可放入冷凍即可。

2. 紅蔥頭、蒜末一定要炒至微黃才會散發香味且無蒜腥味；而洋蔥要炒透，味道才會甘甜。

3. 麵糊可以多做一些，再分包放入冷藏或冷凍，可用來烹調濃湯或焗烤。

2人份 ★☆☆

地中海鮮蝦烘蛋
| SEAFOOD OMELET |

CC喜歡吃海鮮和蛋，所以試著將這兩類食材結合在一起。你也可以換成墨魚（透抽），或是喜歡的魚貝食材取代蝦子製作。

材料
INGREDIENTS

蛋4個、馬鈴薯1個、牛蕃茄丁1個、蝦8尾、帕瑪森（parmesan）起司適量、牛奶2大匙、無鹽奶油1½大匙、蝦夷蔥末少許

調味料
SEASONINGS

黑胡椒粉1/2小匙、鹽1/4大匙

做法
DIRECTIONS

❶ 馬鈴薯洗淨，放入蒸鍋中蒸熟，取出去皮、切丁；牛蕃茄去皮後切丁；蝦剝掉殼，背部劃開挑出腸泥。

❷ 蛋去殼，放入容器中，加入調味料、帕瑪森起司、牛奶、牛蕃茄和馬鈴薯拌勻。

❸ 鍋中均勻刷入奶油，等奶油熱後倒入做法 ❷，加熱至快凝固時倒入蝦子，均勻地鋪在蛋上，移入已預熱好的烤箱，以上下火 180℃烤至蝦子熟了（可利用鋼材較佳的鍋子，放於其中，蓋上鍋蓋，以小火烘烤至蝦子熟了亦可。）即可取出，撒上蝦夷蔥末或以蔥花取代即可。

帕瑪森起司

 CC 的烹調寶典 | CC's COOKING TIPS |

義大利知名的帕瑪森起司（parmesan）呈淡黃色，較容易碎，通常市售有塊狀和粉狀兩種，現磨香氣更濃郁。帕瑪森起司常用在沙拉、焗烤料理或撒在義大利麵、燉飯上。烹調中，也可切片或敲碎搭配美酒食用。

2~3人份

泰式蟹肉烘蛋
| THAI CRAB OMELET |

這是泰國朋友介紹我到曼谷的知名潮州餐廳一定要吃的料理，真的太好吃了，所以一定要教大家自己做！在家便能享用泰式料理。

材料
INGREDIENTS

螃蟹1隻、蛋3個、香菜1大匙、蔥末2大匙、高湯（參照 p.63）1大匙、油3大匙

調味料
SEASONINGS

魚露1/2小匙、醬油1/2大匙、糖1/3小匙、米酒1/3大匙、白胡椒粉少許

做法
DIRECTIONS

❶ 螃蟹放入蒸籠蒸熟，取出待涼取出蟹肉。

❷ 蛋去殼，放入容器中，加入調味料、高湯、香菜末、1½ 大匙蔥末拌勻，再加入蟹肉拌勻。

❸ 鍋燒熱，倒入 2 大匙油，待油熱後加入做法 ❷，加熱至蛋液快凝固時，再淋入 1 大匙油煎至兩面呈金黃色，取出盛入盤中，撒上紅辣椒絲、蔥末即可享用。

螃蟹

🥚 CC 的烹調寶典 | CC'S COOKING TIPS |

秋季飾品嘗螃蟹的最佳季節，其中 9～10 月正是螃蟹最鮮美的時候。俗話說「九雌十雄」就是指 9 月吃母蟹，蟹黃正豐富，10 月則品嘗公蟹為佳。可將螃蟹放入桶中，倒入海水蓋好，如不立刻吃的話，可放於冷凍。

英式炸蛋巢
| SCOTCH EGGS |

這道料理深受學生的喜愛，常常要求CC再教一次，現在將做法與材料分享給大家，想吃的人趕快來學吧！

材料
INGREDIENTS

絞肉600克、蛋3個、洋蔥末2/3杯（容量220毫升的杯子）、麵包粉適量、無鹽奶油2大匙、牛奶1/2杯、生菜200克、麵粉適量、熟蛋4～5個

調味料
SEASONINGS

荳蔻粉1/2小匙、鹽適量、黑胡椒粉1/4大匙

做法
DIRECTIONS

1. 取 4 大匙麵包粉放入牛奶中浸泡約 5 分鐘（牛奶不可加太多，只要可以浸泡到麵包粉即可）。
2. 鍋中倒入奶油，以小火加熱融化，加入洋蔥末炒至呈透明淡褐色，取出放涼。
3. 生菜洗淨後浸泡冰水 15 分鐘，取出瀝乾水分切絲。
4. 將絞肉倒入容器內，放入做法 ①、② 和 1 個蛋液、調味料，拌勻甩打至有黏性。
5. 取 1 張保鮮膜放在流理台上，鋪上做法 ④ 後攤平，放上剝除外殼的熟蛋，每顆蛋間要有距離，先包成長條狀，再切成一個個蛋肉丸狀。
6. 蛋肉丸均勻地沾上麵粉，再裹上蛋液（剩下 2 個蛋打散），再沾上麵包粉，放入 160℃的油鍋炸至金黃色，取出瀝乾油分後對切。
7. 生菜絲排在盤中，放入切好的蛋肉丸即可享用。

奶油

🥚 CC 的烹調寶典 | CC'S COOKING TIPS |

1. 除了橄欖油、沙拉油，烹調料理時也很常用到奶油，像是煎炒食材、做奶油炒麵糊、濃湯等料理，都少不了它。大多使用無鹽奶油，如果使用的是有鹽奶油，調味時必須斟酌鹽用量。
2. 豬絞肉牛絞肉都可使用，亦可以 50％豬肉＋ 50％牛肉或 30％豬肉＋ 70％牛肉混合。

滑蛋蓋什錦

|Scrambled Eggs and Mixed Vegetables|

4人份

這一道菜雖然做法稍微複雜，但成品非常豐盛和可口，很值得花時間在家自己做，自家食用、招待訪客都適合。

材料
INGREDIENTS

雞胸肉300克、蝦仁200克、蛋3個、韭黃100克、銀芽80克、蔥1支、薑3片、紅辣椒1支、大蒜2個、米酒1大匙、高湯（參照下方烹調寶典1.）3大匙、香油1大匙

醃料（A）
MARINATE

酒1/2大匙、香油1/2大匙、白胡椒粉少許、淡醬油1/2大匙、鹽1/2小匙

醃料（B）
MARINATE

酒1/3大匙、香油1/小3匙、白胡椒粉少許、鹽1/2小匙

調味料（A）
SEASONINGS

米酒1/2大匙、鹽少許

調味料（B）
SEASONINGS

鹽適量、白胡椒粉少許

做法
DIRECTIONS

❶ 雞胸肉切粗絲，放入醃料（A）中拌勻醃20分鐘；蝦仁背部劃開挑出腸泥，放入醃料（B）中拌勻醃15分鐘。蔥、薑、紅辣椒和大蒜都切片。

❷ 蛋去殼，放入容器中，加入高湯、調味料（A）拌勻。

❸ 鍋燒熱，倒入1½大匙油，油熱後倒入做法❷煎成1張蛋皮，取出。

❹ 原鍋倒入1大匙油加熱，油熱後倒入雞胸肉炒至快熟，取出。接著放入蝦仁炒至快熟，取出。

❺ 原鍋再倒入1大匙油加熱，油熱後放入蔥、薑和大蒜爆香，續入銀芽略炒幾下，加入韭黃、雞胸肉和蝦仁，從鍋邊淋入米酒，倒入調味料（B）快炒幾下，放入紅辣椒、香油略拌幾下即可起鍋，盛入盤中，蓋上做法❸的蛋皮即可享用。

高湯

🥚 CC的烹調寶典 | CC's Cooking Tips |

1. **中式高湯DIY**：將300克雞骨、300克豬骨放入已預熱好的烤箱，以上下火220°C烤至微焦黃，或是放入鍋中煎至微焦黃，取出放入鍋內，加入3支蔥、3片薑片和1/2個洋蔥，倒入1200c.c.水，以壓力鍋熬煮1小時，或是用一般鍋熬煮4～5小時。可一次熬煮多一點，分包裝後放入冰箱冷凍保存，隨時取出使用。一般是汆燙雞骨和豬骨，但以烘烤的方式，完成的高湯比較香，且可去除多餘的油質。

2. 做法❺中淋上米酒時，一定要從鍋邊順著淋入，才會有熗酒香的香味溢出。

4～6人份
★★☆

魚香烘蛋
|SPICY MINCED MEAT, VEGETABLE AND EGG|

魚香醬是這道料理的靈魂，只要會自己做魚香醬，不管是魚香肉絲、魚香茄子、魚香豆腐，每道名菜都能輕鬆上手喔！

材料
INGREDIENTS

蛋6個、鹽2/3小匙、太白粉1大匙、油6大匙、蔥花適量

魚香醬
MINCED MEAT SAUCE

絞肉（中絞）120克、蒜末1大匙、蔥末1½大匙、薑末1大匙、紅辣椒末適量、黑木耳末4大匙、熟筍末4大匙、油1大匙、辣豆瓣醬1大匙、米酒1大匙、醬油1大匙、蕃茄醬1½大匙、水或高湯（參照p.63）1/2杯、糖1/4大匙、太白粉水適量、白醋1大匙、香油1/2小匙

做法
DIRECTIONS

1. 蛋去殼，放入容器中，加入鹽拌勻，再加入太白粉拌勻。

2. 鍋中倒入 6 大匙油，加熱至 160℃，先盛出 2 大匙油備用。將做法 ❶ 倒入油鍋中，再慢慢將 2 大匙油慢慢倒入蛋液中間，等蛋液稍微凝固，翻面煎至熟，取出切成長寬片，放入盤中。

3. **製作魚香醬：**鍋中倒入 1 大匙油，等油熱後加入絞肉炒散（一定要炒散），炒至肉熟取出，將油倒回鍋內。

4. 接著放入蒜末爆香，續入蔥末、薑末、紅辣椒末炒香，再放入辣豆瓣醬，在辣豆瓣醬上淋入米酒炒香，倒入絞肉，加入黑木耳、熟筍末炒約 1 分鐘，淋上醬油、蕃茄醬，倒入水或高湯、1 大匙白醋，加入糖煮約 2 分鐘，再以太白粉水勾芡。

5. 將剩餘的 1/2 大匙白醋放入炒鏟中，從鍋邊淋入（這動作叫作淋上鍋邊醋），再淋上香油，撒入蔥花，即成魚香醬。

6. 將魚香醬倒在做法 ❷ 的烘蛋上即可享用。

綠竹筍和黑木耳

CC 的烹調寶典 | CC'S COOKING TIPS

1. 高纖低卡的綠竹筍含有蛋白質、維生素 C、E、B2 和鈣，有助消化、防止便秘。多用來煮湯、製作沙拉筍。沙拉筍的煮法是將帶殼綠竹筍放入鍋中，先加入蓋過筍的水量，再倒入 1 大匙米煮 30 ～ 40 分鐘，取出放入冰水冰鎮。保存時，可連同殼一起放入密封盒中，冷藏保存約 3 天。黑木耳發泡不能超過 2 小時，以免營養素流失。多用於涼拌、炒、煮湯和燉甜品。

2. 如果不喜歡吃辣，可不放紅辣椒末，辣豆瓣醬改用一般豆瓣醬；另可將熟竹筍改成荸薺，一樣可口。

潮州風味蛋
|CHAOZHOU STIR-FRY EGGS|

4 人份
★☆☆

這是一道重口味的、能引起食慾，讓你多吃幾碗飯的下飯菜，配飯、配粥都好吃，再來杯小酒，三五好友聚餐最適合。

材料
INGREDIENTS

蛋6個、豆豉2大匙、蔥花3大匙、薑末1大匙、蒜末2大匙、紅辣椒末適量、米酒1大匙、高湯（參照p.63）或水1/3杯（容量220毫升的杯子）、香油1大匙

調味料
SEASONINGS

米酒1大匙、醬油2大匙、糖1小匙、白胡椒粉少許

做法
DIRECTIONS

❶ 鍋中倒入適量油加熱，油熱後打入蛋煎成荷包蛋，每個荷包蛋切成 4 片。

❷ 取 1 大匙豆豉切碎備用。

❸ 調味料拌勻，加入豆豉碎中拌勻。

❹ 鍋中倒入 1 大匙油加熱，油熱後先放入蒜末爆香，續入薑末、2 大匙蔥花爆香，倒入剩下的 1 大匙豆豉，淋入米酒稍微拌炒幾下，倒入高湯或水以及做法 ❸，加入荷包蛋片煮約 4 分鐘，淋入香油，撒上 1 大匙蔥花、紅辣椒即可。

豆豉

🥚 CC 的烹調寶典 | CC'S COOKING TIPS |

1. 如果買到的是乾豆豉，必須先浸泡 2 大匙米酒約 10 分鐘，然後再調理，才能提升豆豉的香味。此外，烹調時須先瞭解豆豉的鹹度，因每家廠商的鹹度不同，建議買較不鹹的豆豉，再依豆豉斟酌醬油的用量。

2. 喜歡吃辣味的話，在爆香蔥、薑、蒜時，可以先放入紅辣椒一起爆香。

4 人份
★☆☆

芋香蛋酥
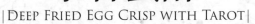
|Deep Fried Egg Crisp with Tarot|

炸得香酥的芋頭和蛋酥香氣四溢，趁熱吃口感更佳，推薦給蔬食者。

材料
Ingredients

蛋4個、芋頭300克、蒜末2大匙、蔥末1支、紅辣椒末1大匙、香菜末2大匙

調味料
Seasonings

鹽適量、白胡椒粉少許

做法
Directions

❶ 備一鍋 160℃的油鍋。

❷ 蛋去殼，放入容器中拌勻，將蛋液倒入有洞的漏杓內慢慢滴入油鍋中，炸至金黃色的蛋酥，取出瀝乾油分。

❸ 芋頭削皮後切丁，也放入油鍋炸至微焦黃至熟，取出瀝乾油分。

❹ 鍋中倒入 1/2 大匙油加熱，油熱後先放入蒜末爆香至微黃，續入蔥末、紅辣椒末、香菜末，倒入蛋酥、芋頭和調味料快炒幾下，拌勻即可。

芋頭

 CC 的烹調寶典 | CC's Cooking Tips |

芋頭的口感與香氣深受大家的喜愛，含有大量澱粉，也可以當作主食。芋頭適合各種烹調方式，不論煎、煮、炒、炸，製作中西式甜點、飲品皆可，是 CP 值超高的食材。

茶香燻蛋
|Tea Smoked Eggs|

4~6人份
★☆☆

CC嘴饞無聊時，最愛吃的零食就是茶香燻蛋了！尤其煙燻的香氣令人無法抗拒，有的人喜愛用甘蔗皮，有些人用花生殼燻蛋，CC則偏愛茶香。

材料
INGREDIENTS

蛋6個、蔥2支、薑2片、大蒜3個、八角1個、五香粉1/3小匙、桂皮1小片、紹興酒1大匙、油1大匙

煙燻料
SMOKED

烏龍茶葉20克、糖50克、米60克

煮汁
SOUP

醬油1杯、冰糖1大匙、水2杯、紹興酒1大匙

做法
DIRECTIONS

❶ 蔥切段；大蒜切片。

❷ 鍋中倒入1大匙油加熱，油熱後先放入蔥段、薑片、蒜片爆香至微黃，淋入紹興酒熗香，加入醃汁、八角和五香粉、桂皮煮滾，蓋上鍋蓋，以小火煮6分鐘。撈出所有香料，將滷汁倒至容器放涼備用。

❸ **製作糖心蛋：**參照 p.79 的做法 ❷ 煮好蛋。

❹ 將煮好的蛋放入做法 ❷ 的容器內密封好，放入冰箱冷藏1天，即成糖心蛋。

❺ 取一個鍋子（要淘汰的舊鍋），鋪上1張錫箔紙，撒上煙燻料，放上蒸架，將糖心蛋放在蒸架上，蓋上鍋蓋，以中小火加熱至鍋邊冒煙，煙燻4分鐘後至糖心蛋上色即可。

紹興酒

🥚 CC 的烹調寶典 | CC's Cooking Tips |

1. 呈琥珀色澤的紹興酒，除了可以直接飲用、用在調味料，還可以烹調料理，像紹興醉雞、醉蝦或一些三杯料理。
2. 做法 ❺ 中冒的煙，是糖因加熱而融化所產生的煙。

紅酒糖心蛋
|WINE SOFT BOILED EGG|

除了用香料、茶葉煮蛋，你也可以嘗試以略甜並帶有果香的紅酒烹調，風味不同，但一樣美味。

材料
INGREDIENTS

常溫蛋10個、紅酒1/2瓶、糖2大匙、月桂葉1片

做法
DIRECTIONS

❶ 紅酒倒入鍋中，先放入月桂葉煮約3分鐘，再加入糖煮均勻，倒入容器內放涼備用。

❷ 備一鍋沸水，水需能蓋住蛋的高度，將蛋放入杓子中，一個個放入鍋中，蓋上鍋蓋，改小火煮約3分40秒～50秒，取出蛋沖冷水，再放入冰水中泡約8分鐘，取出剝掉殼。

❸ 將剝好的蛋放入做法 ❶ 中密封（酒需蓋過蛋），移入冰箱冷藏放置1天即可取出食用。

🥚 CC 的烹調寶典
| CC'S COOKING TIPS |

1. 喝剩的紅酒別丟了，用來製作這道蛋料理剛剛好，建議選擇純而不甜、不酸澀的紅酒烹調，蛋更美味。

2. 如果喜歡蛋黃較稀的口感，煮約3分10秒即可。

五香茶葉蛋是一般最常見的，現在CC要分享自己最喜歡的十二香茶葉蛋，特別加入其他香料，讓茶葉蛋更加香郁、好吃！

材料
INGREDIENTS

蛋1盒（10個）、鹽1½小匙、紅茶茶葉8克、烏龍茶茶葉8克、黑糖2大匙、醬油1/2碗

香料包
SPICES

花椒、八角、三奈、丁香、陳皮、甘草、桂皮、草果、豆蔻、砂仁、沙薑、小茴香各5克

做法
DIRECTIONS

❶ 蛋洗淨，放入鍋內，倒入常溫水蓋過蛋，加入1/2小匙鹽，以中小火加熱，煮滾後再繼續煮約5分鐘，取出沖水，再放入冰塊水中冰鎮約3分鐘，撈出敲打（不可太用力）至有裂痕。

❷ 把香料包的材料全部放入一個白棉布袋中綁好（中藥房有售白棉布袋）。

❸ 把蛋放入鍋中，倒入水，放入茶葉、香料包、黑糖和醬油，以中火煮至沸騰，再改小火煮約20分鐘，並且浸泡1晚即可。

CC 的烹調寶典
CC's COOKING TIPS

十二香香料包是由花椒、八角、三奈、丁香、陳皮、甘草、桂皮、草果、豆蔻、砂仁、沙薑、小茴香調製而成，在中藥房都買得到。除了茶葉蛋，也適合用在滷肉、滷海帶、滷豆乾、滷蛋等。可放於密封盒中，放在通風陰涼處保存即可。

十二香茶葉蛋
| SPICES TEA BOILED EGG |

10人份
★☆☆

酒釀水波蛋
|FERMENTED RICE POACHED EGGS|

還記得唸書時，班上同學時常煮這道蛋料理給CC吃，不管是肚子餓、想省錢、生理期前後都會煮，是CC學生時代最懷念的料理之一，而現在要教大家的是CC版本的喔！

材料
INGREDIENTS

蛋2個、桂圓乾12粒、糖適量、枸杞1大匙、水500c.c.、酒釀60克

做法
DIRECTIONS

❶ **煮水波蛋：**參照 p.15 的做法 ❶、❷ 完成水波蛋。

❷ 另取一個鍋，倒入 500c.c. 水煮至沸騰，放入桂圓乾、糖拌勻，再倒入枸杞煮約 1 分鐘，加入酒釀，倒入水波蛋，熄火，盛入容器內即可享用。

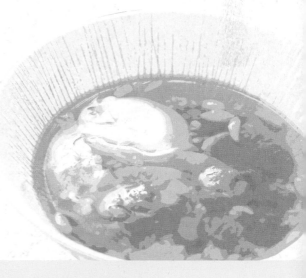

酒釀

🥚 CC 的烹調寶典 │ CC'S COOKING TIPS │

1. 酒釀是糯米飯加入酒麴發酵而成的，可以暖身、暖胃，冬天食用為多。多用來做甜湯，例如酒釀湯圓、桂花酒釀蛋等。而在中式料理中加入酒釀，更能增添風味。

2. 酒釀不宜久煮，以免產生酸味，口感不佳。此外，也可以用煮蛋花的方式代替水波蛋。

4人份
★☆☆

滷肉蒸蛋
|BRAISED PORK STEAMED EGG|

往往一鍋滷肉大家吃得很開心，但偏偏最後總會剩一塊肥多肉少或沒人想吃的肉，加上殘存少許滷汁，丟了可惜，留下來又不知道要用在何處，這時不妨跟著CC做這道滷肉汁蒸蛋吧！全家一定搶著吃。

材料
INGREDIENTS

蛋3個、滷肉適量、滷汁適量、水適量、蔥花少許

＊此處和水的比例是蛋1：液體2。例如：滷汁剩60克、蛋有3個，每個蛋去殼重量約50克，3個蛋共150克，液體需300克。因滷汁已佔60克，所以水只要240克（c.c.）即可。

調味料
SEASONINGS

鹽少許

做法
DIRECTIONS

❶ 滷肉切丁碎。

❷ 蛋去殼，放入容器中，倒入滷汁、水和鹽拌勻（得視滷汁鹹度調整鹽的用量）。

❸ 做法 ❷ 的蛋液過篩 2 次，倒入容器中，再加入滷肉丁。

❹ 將做法 ❸ 移入蒸鍋中，蓋上鍋蓋，鍋蓋與鍋子間插入一支筷子，蒸約 12 分鐘，或放入電鍋中，同樣在鍋蓋和電鍋間插入筷子，按下開關蒸約 15 分鐘，小心取出，撒上蔥花即可。

🥚🥚 CC 的烹調寶典 | CC's COOKING TIPS |

1. 蒸煮時，在鍋蓋和鍋子中插入筷子，可讓蒸氣外洩，降低內鍋溫度，避免水蒸氣的水滴進入蛋液內。

2. 蛋液過篩，可減少空氣殘留在蛋液內，蒸好的蛋無氣孔且口感滑嫩細緻。

◀ 在鍋蓋和電鍋間插入筷子，可讓蒸氣外洩。

泰濃郁黃咖哩海鮮蒸蛋
|Thai Yellow Curry Seafood Steamed Egg|

4~6人份

喜歡吃海鮮和泰式咖哩的人絕對不要錯過這道東南亞風美食，可以自己改用喜愛的海鮮食材，愛吃辣的人，也可以用紅咖哩取代黃咖哩，完成獨創的風味。

材料 INGREDIENTS

白魚肉100克、蝦仁100克、墨魚100克、蛋4個、黃咖哩醬1½大匙、椰奶200c.c.、高湯（參照p.63）或水200c.c.、九層塔適量、檸檬葉6片、紅辣椒少許、椰奶3大匙

調味料 SEASONINGS

魚露1/2大匙、糖1/4大匙

做法 DIRECTIONS

❶ 白魚肉、蝦仁和墨魚都切成丁狀；九層塔、檸檬葉和紅辣椒都切絲。

❷ 蛋去殼，放入容器中，倒入黃咖哩醬、200c.c.椰奶和高湯（或水），倒入調味料以攪拌器拌勻。

❸ 九層塔、檸檬葉加入做法 ❷ 中拌勻。

❹ 將做法 ❸ 慢慢倒入容器中，移入蒸鍋內，蓋上鍋蓋，鍋蓋與鍋子間插入 1 支筷子，蒸約 35 分鐘，或是以電鍋蒸 50 分鐘。

❺ 取出後淋上 3 大匙椰奶，撒上紅辣椒絲即可。

泰國檸檬葉

🥚 CC 的烹調寶典 | CC'S COOKING TIPS |

1. 泰國檸檬葉（Kaffir Lime）又叫卡菲爾萊姆、泰國青檸，是泰式料理中最重要的香料，多用在各式東南亞料理中。泰國檸檬葉帶有金桔香，常見用於泰式海鮮酸辣湯中，也適用於燉肉、煮湯和燜燒料理等。放於密封袋中，放在冰箱冷凍可保存約 1 年。

2. 黃咖哩是泰國咖哩中辣度最低的，口感較溫和，是將薑黃、小茴香、咖哩粉、南薑、香芋和蝦醬等搗成泥狀，或是以調理機攪打成泥狀。適合和肉類、海鮮和南瓜一起烹調。未開封時放於通風陰涼處保存，避免照射陽光，開封後則放入密封保鮮盒中，移至冰箱冷藏。

韓式風味蒸蛋
|KOREA STEAMED EGG|

3 人份

以滿滿的蟹肉和蟹黃為主角的蒸蛋，食材真的太豐盛啦！螃蟹盛產的季節，別忘了試試這道蒸蛋料理。

材料
INGREDIENTS

螃蟹1隻、蛋5個、高湯（參照p.63）280c.c.、蔥花2大匙、蝦夷蔥末適量

調味料
SEASONINGS

鹽適量、味醂1/2大匙

做法
DIRECTIONS

❶ 螃蟹放入蒸鍋中蒸熟，取出挖出蟹肉，蟹黃另放於一邊。

❷ 蛋去殼，放入容器中，倒入調味料拌勻，過篩 2 次。

❸ 接著加入蟹肉、1 大匙蔥花拌勻。

❹ 取一個鍋子，倒入高湯以中小火加熱，煮滾後慢慢倒入做法 ❸，一邊倒入一邊攪拌至蛋液約 7 分熟，蓋上有深度的碗，再蒸約 3 分鐘即可起鍋。

❺ 最後撒上蟹黃、蝦夷蔥末即可享用。

蔥花

 CC 的烹調寶典 | CC'S COOKING TIPS |

1. 具有特殊香氣的蔥可提味、爆香和涼拌，是蔥最常用在烹調之處。一般蔥白多切段後，爆香以及和食材快炒，而蔥綠則切蔥花、碎末和細絲，用於添味和增色。

2. 可改用玉米粒或海鮮、自己喜愛的食材製作。

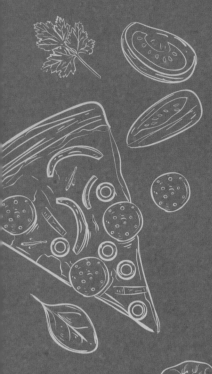

Part3
·······················
吃得飽主食！蛋料理

吃膩了平常的飯、麵了嗎？
快來看看 CC 老師的拿手蛋料理主食，
包含蛋餅、披薩、煎餅、蛋派等，
全是以蛋為主角，只要加上香料和調味料，
便能完成每天都吃不膩、吃得滿足的經典好菜。
簡單的烹調法、易取得的食材，
最適合全家一起享用。

6 人份
★★☆

蛋蛋可樂餅
|Egg Croquette|

有別於一般以絞肉為主材料的可樂餅，這裡CC採用洋蔥、蛋和起司來製作，喜歡吃蔬食的人絕不能錯過！

材料
Ingredients

馬鈴薯300克、蛋3個、洋蔥末100克、莫扎瑞拉（mozzarella）起司150克、蛋液（沾裹用）適量、麵粉適量、麵包粉適量、無鹽奶油1½大匙

調味料
Seasonings

鹽、黑胡椒粉適量

做法
Directions

❶ 馬鈴薯洗淨，放入鍋中蒸至熟軟，或放入湯鍋煮至熟軟，去皮。

❷ 鍋中倒入奶油，以小火加熱融化，加入洋蔥末炒至呈透明淡褐色，取出放涼。

❸ 備一鍋冷水，加入鹽，放入蛋煮約10分鐘，取出沖涼，再放入冰水中浸泡約6分鐘，取出蛋剝掉殼，切丁。起司切丁。

❹ 將馬鈴薯放入容器中，加入調味料，以攪拌器或湯匙壓拌成泥狀。

❺ 馬鈴薯泥中加入洋蔥末、蛋和起司拌勻，揉成一個個圓球狀再壓成扁圓。

❻ 將做法 ❺ 先均勻地沾上麵粉，裹上蛋液，再沾上麵包粉，放入160℃的油鍋炸至金黃色，取出瀝乾油分，盛入盤子即可享用。

莫扎瑞拉起司

🥚 CC 的烹調寶典 | CC's Cooking Tips

1. 本書中用到的莫扎瑞拉（mozzarella）起司是半硬質的，不是球狀的軟質起司。原產於義大利，有著清爽的奶香味。多用在焗烤披薩、三明治、漢堡以及開胃菜、下酒菜等小點。

2. 做法 ❻ 中沾裹麵粉、蛋液和麵包粉時，每一層一定要確實包裹，才能層層包住材料。

加州風味什錦蛋派
|California Seafood and Egg Pie|

2~3 人份
⭐☆☆

這道是CC的蛋料理中，最受歡迎的前十名，做法簡單且好吃，不僅可當早餐或下午茶鹹點心，當作正餐、宵夜都很適合。

材料
Ingredients

蛋4個、蝦仁120克、白魚肉120克、牛蕃茄1個、起司絲適量、玉米醬1/2罐、蔥末1支、無鹽奶油1大匙、牛奶3大匙

調味料
Seasonings

鹽、黑胡椒各少許

做法
Directions

① 奶油放在室溫下使其軟化，然後分成 2 等分。

② 蝦仁和白魚肉切丁；牛蕃茄去皮後切丁。

③ 蛋去殼，放入容器中，加入調味料拌勻。

④ 接著加入 1 份奶油、蝦仁、白魚肉、牛蕃茄、起司絲、玉米醬、蔥末和牛奶拌勻成派餡料。

⑤ 烤皿內塗上剩下的奶油，倒入派餡料，放入已預熱好的烤箱，以上下火 160℃烤至蛋液凝固，或是放入材質佳的不沾鍋內，蓋上鍋蓋，以小火慢烤至蛋液凝固即可享用。

白蝦

🥚 CC 的烹調寶典 | CC's Cooking Tips

1. 中南美白對蝦一般俗稱白蝦，目前市場上有台灣養殖、南美洲和東南亞進口的。白蝦滋味鮮甜、口感 Q 彈，適合做各種料理，煎、煮、炒、烤炸、燒焊煮湯皆可。

2. 可用高湯（參照 p.51）代替牛奶，加入牛奶或高湯製作，蛋派的口感更加滑嫩。

煙燻鮭魚蛋披薩
|Smoked Salmon and egg Pizza|

3 人份 ★★☆

CC很喜歡吃煙燻鮭魚搭配芝麻葉，再加上本身就是個蛋料理迷，所以絞盡腦汁將這些食材完美地搭配起來，這道豐盛的披薩便大功告成囉！

材料
Ingredients

蛋6個、煙燻鮭魚12片、芝麻葉適量、玉米粉1½大匙、起司絲適量、油1大匙

調味料
Seasonings

黑胡椒少許、鹽1/2小匙

披薩醬
Pizza Sauce

蒜末1大匙、洋蔥末3大匙、月桂葉1片、俄力崗（oregano）1小匙、蕃茄粒罐頭1罐、高湯（參照p.51）1/4杯（容量220毫升的杯子）、油1大匙、鹽少許、黑胡椒少許

做法
Directions

1. 蝦去殼，放入容器中，加入調味料和過篩的玉米粉，以打蛋器拌勻。
2. 蕃茄粒罐頭切碎。
3. 平底鍋燒熱，倒入 1 大匙油，待油熱後加入蛋液煎成圓形蛋皮，一共要 3 張蛋皮。
4. 製作披薩醬：鍋中倒入 1 大匙油，待油熱後先放入蒜末炒至微黃，加入洋蔥末炒至呈透明淡褐色。
5. 接著加入蕃茄粒、俄力崗和月桂葉，倒入高湯，蓋上鍋蓋，等煮沸騰改以小火煮約 15 分鐘，再加入黑胡椒、鹽調味。
6. 取 1 張蛋皮鋪在盤子上，塗抹披薩醬，再撒上起司絲（一共做 3 張蛋皮），放入已預熱好的烤箱，以上下火 160℃烤至起司融化，取出。
7. 在 3 張蛋皮各擺放煙燻鮭魚，撒上芝麻葉即可享用。

煙燻鮭魚

🥚 CC 的烹調寶典 | CC's Cooking Tips

煙燻鮭魚是以鹽醃製後，再煙燻製成，含有大量硒、鉀等微量元素和維生素 E、A、B 等。多用在搭配三明治、沙拉、炒飯和炒義大利麵或前菜等。可放在密封袋中，放入冰箱冷藏保存 5 天；若想保存更久，必須放在冷凍。

瑞士薯絲起司蛋餅
|Swiss Potato Cheese Egg Crepe|

4人份

吃膩了米飯、麵類主食，可以嘗試這道以馬鈴薯、雞蛋和起司做成的薯絲起司蛋餅，當中加入了蝦夷蔥調味，更添畫龍點睛之妙。

材料
Ingredients

馬鈴薯300克、蛋4個、艾曼托（emmental）起司150克、蝦夷蔥適量、無鹽奶油4大匙、原味優格或酸奶適量

調味料
Seasonings

黑胡椒粉、鹽各少許

做法
Directions

❶ 馬鈴薯削除外皮，切絲，再放入冷水中浸泡 10 分鐘，防止氧化變黑，然後瀝乾水分。

❷ 艾曼托起司切絲；蝦夷蔥切末。

❸ 蛋去殼，放入容器中拌勻，加入調味料拌勻，再加入 2 大匙融化的奶油、馬鈴薯絲、艾曼托起司和蝦夷蔥拌勻成餡料。

❹ 入鍋前，將餡料做成數個圓扁狀。

❺ 平底鍋燒熱，倒入 2 大匙奶油加熱，等奶油融化，放入做法 ❹ 煎熟，取出淋上原味優格或酸奶即可享用。

蝦夷蔥

 CC 的烹調寶典 | CC's Cooking Tips

蝦夷蔥（chives）又叫細香蔥，除了用作料理中的辛香料之外，也具藥草的效果。本身氣味較淡，多用在料理盤飾和點綴、沙拉、醬汁、涼拌、蛋餅等，但記得不可過度烹調。若買不到蝦夷蔥的話，這道料理可以用珠蔥或一般的細蔥代替。

希臘蔬菜蛋餅
|Greece Vegetables Egg Crepe|

4 人份
★★☆

如此豐盛的食材，一吃令人讚不絕口。你可以挑選喜愛的蔬菜，搭配些許肉類和起司，製作私房料理。自家食用、宴客，都是很好的主食選擇。

材料
Ingredients

蛋6個、黃甜椒1/3個、洋蔥末3大匙、牛蕃茄1個、火腿80克、蘑菇6個、無鹽奶油2大匙、西芹末3大匙、蒜末1大匙、蘆筍80克、黑橄欖4顆、帕瑪森（parmesan）起司粉1大匙、菲塔（feta）起司100克、莫扎瑞拉（mozzarella）起司100克、橄欖油適量

調味料
Seasonings

鹽、黑胡椒各適量

做法
Directions

❶ 黃甜椒、火腿和蘑菇切丁；牛蕃茄去皮後切丁；蘆筍切圓圈；黑橄欖切圓片。

❷ 鍋中倒入 1 大匙橄欖油，加入洋蔥末炒至呈透明淡褐色，再放入蘆筍炒約 1 分鐘，續入蘑菇略炒幾下，全部取出放涼。

❸ 蛋去殼，放入容器中，加入奶油、兩種起司、調味料以攪拌器拌勻。

❹ 然後倒入西芹末、蒜末、黑橄欖，加入做法 ❷、黃甜椒、火腿和牛蕃茄拌勻成餡料。

❺ 備一烤皿，刷上少許油，倒入餡料，放入已預熱好的烤箱，以上下火 160℃烤約 20 分鐘，至蛋液凝固，或是放入材質佳的不沾鍋內，蓋上鍋蓋，以小火慢烤至蛋液凝固即可享用。

加拿大火腿

🥚 CC 的烹調寶典 | CC's Cooking Tips

1. 加拿大火腿是細絞的肩部瘦肉，口感佳。適用於三明治、漢堡、炒飯以及搭配蛋的料理。若買的是現切火腿，必須放在密封袋內或盒中，可冷藏保存 3 天；若買的是真空包裝，則直接冷藏保存。

2. 建議帕瑪森起司採用塊狀現磨的為佳，香氣較濃郁，更提升美味度。

4~6 人份
★★☆

泰式牡蠣蛋煎餅
|Thai Oyster Egg Crepe|

CC到泰國必點的料理之一，最愛它的蛋香、肥美的牡蠣、清爽的檸檬風味，搭配泰國獨特的甜燒醬，自己也能製作道地的泰式料理。

材料
Ingredients

牡蠣300克、銀芽80克、蛋4個、地瓜粉60克、太白粉30克、玉米粉15克、蔥花3大匙、蒜末3大匙、紅辣椒末1支、香菜末2大匙、檸檬1個、泰國甜燒醬適量、麵粉2大匙、鹽1/3大匙、高湯（參照p.63）或水210c.c.、油2大匙

調味料
Seasonings

魚露1小匙、糖1/3小匙、白胡椒粉適量、鹽1/3小匙

做法
Directions

❶ 牡蠣放入容器中，倒入麵粉、1/3 大匙鹽輕輕搓洗，再將整個容器移至水龍頭底下，以小水柱沖洗牡蠣（水力過大會洗破牡蠣），洗淨後瀝乾水分。

❷ 將地瓜粉、太白粉和玉米粉放入容器中，放入 2 大匙蔥花、調味料和高湯拌勻。

❸ 製作牡蠣蛋煎餅：平底鍋燒熱，倒入 2 大匙油加熱，等油熱後加入蒜末炒至微黃，放入蔥花炒香，加入牡蠣、銀芽，淋入做法 ❷，加熱至快凝固時，打入 4 個蛋，等蛋快熟時，把鍋移至餐桌上（也可以像煎蚵仔煎的方法，兩面煎熟，取出放入盤中）。

❹ 撒入紅辣椒末、香菜末，附上檸檬角和泰國甜燒醬。

❺ 食用時，可擠入檸檬汁。

牡蠣

🥚 CC 的烹調寶典 | CC's Cooking Tips

1. 牡蠣在台灣又叫蚵仔，煎、煮、炒、炸和煮湯皆可烹調，連涼拌都沒問題，可運用在各種料理。清洗牡蠣時，可將白蘿蔔泥、牡蠣放入容器中拌勻，靜置約 2 分鐘後再清洗，可以去腥味。此外，也可用上面做法 ❶ 的方式以麵粉、鹽搓洗。牡蠣買回來後建議盡快吃完，最多只能保存 2 天。未烹調時，直接放入冰箱，先不要清洗，烹調前再清洗。泡過水的牡蠣存放不久，購買時要特別留意。

2. 也可以用淡菜取代牡蠣，在泰國有的店家會使用淡菜，也就是我們說的貽貝（學名）來做這道菜。

港式滑蛋 XO 醬蝦仁公仔麵
|Instant Noodles with Shrimps, Scrambled Eggs and XO Sauce|

2~3 人份

CC最喜歡吃炒公仔麵了，尤其是加入蛋汁去炒，風味與口感真是難以言喻的好吃，再加入鮮美的XO醬快炒，無疑是餐桌上最受歡迎的料理。

材料
Ingredients

蛋3個、蝦子10尾、公仔麵（王子麵、科學麵）3包、韭黃適量、蔥適量、紅辣椒適量、蔥花1大匙、XO醬2大匙、牛奶2大匙、米酒1大匙、油2½大匙

調味料
Seasonings

蠔油1大匙、醬油1大匙、白胡椒粉少許

做法
Directions

1 蛋去殼，放入容器中拌勻，加入牛奶拌勻。
2 蝦剝掉殼，背部劃開挑出腸泥。韭黃切段。蔥和紅辣椒切絲。
3 蔥絲、紅辣椒絲浸泡冷水備用。
4 公仔麵沖泡 100℃的熱水浸泡 50 秒，或放入滾水即熄火，燜 20 秒。
5 鍋中倒入 1½ 大匙油加熱，等油熱後倒入做法 1 炒至五分熟，取出。
6 原鍋倒入 1 大匙油加熱，等油熱後放入蔥花炒香，續入蝦子，淋入米酒，炒至快熟時，放入瀝乾的公仔麵，倒入 XO 醬和適量的泡麵水，再加入韭黃、調味料以筷子拌炒。
7 然後加入做法 5 迅速拌炒，即可盛盤。
8 撒上瀝乾水分的蔥絲、紅辣椒絲即可享用。

XO醬和公仔麵

CC 的烹調寶典 | CC's Cooking Tips

1. 每個品牌的 XO 醬配方不同，所以成品的風味略有差異。XO 醬的材料方面，講究的人採用日本干貝，有些則使用小干貝（珠貝）。可用於炒麵、炒蘿蔔糕，或烹調豆腐、海鮮，也可當作沾醬拌麵。可放入冰箱冷藏保存，取用時，注意罐中不要滴到水。
2. 公仔麵（王子麵、科學麵）可以當作零嘴，或是用在炒麵、火鍋，還可加入起司焗烤。可放在室溫下保存，避免放在陽光下或潮濕處。

2 人份
★★★

爆漿起司蛋餅佐牛肝菌醬
|Cheese Egg Crepe with King Bolete Sauce|

以豪華的食材牛肝菌製作醬汁，搭配起司蛋餅，是一道豐盛的料理。只要學會製作牛肝菌醬，簡單地塗抹於麵包上，名廚料理也能在家做。

材料
Ingredients

蛋4個、起司2片、檸檬汁1/2大匙、帕瑪森起司粉1大匙、鹽少許、火腿2片、生菜適量、牛蕃茄適量、油適量

牛肝菌醬
King Bolete Sauce

蒸熟去皮的馬鈴薯150克、牛肝菌15克、帕瑪森起司1大匙、牛奶150c.c.、無鹽奶油1大匙、鹽適量、黑胡椒粉適量

做法
Directions

❶ 製作牛肝菌醬：牛肝菌放入熱水中，水需蓋過牛肝菌，浸泡約 10 分鐘，取出牛肝菌切末，浸泡的水要保留，不要倒掉。

❷ 鍋中倒入奶油，以小火加熱融化，加入牛肝菌末炒香，炒約 2 分鐘後起鍋。

❸ 馬鈴薯放入小鍋內，以攪拌器攪打成泥狀，或以湯杓壓成泥狀。把馬鈴薯泥倒入浸泡牛肝菌的湯汁中，一邊攪拌一邊倒入牛奶（此時為小火），攪拌至黏稠狀。

❹ 將做法 ❷ 倒入做法 ❸ 內，加入帕瑪森起司、鹽和黑胡椒粉拌勻，煮至起泡即成牛肝菌醬。

❺ 蛋去殼，放入容器中以攪拌器打至蛋液均勻，加入鹽、檸檬汁和起司粉以攪拌器拌勻。

❻ 取一個鍋，倒入熱水，將做法 ❺ 整個放置於熱水鍋上（隔水加熱），再繼續以攪拌器攪打至如美乃滋般順滑黏稠狀，分成 2 等分。

❼ 做 1 人份的起司蛋餅：將適量油倒入不沾平底鍋中，以刷子刷勻，倒入 1 等分的做法 ❻，以小火煎至餅皮邊緣微黃，放上 1 片起司和火腿，起鍋放在盤子中，稍微對折，淋上牛肝菌醬，擺上適量的生菜即可享用。

❽ 接著依照同樣的方法，再製作第 2 份起司蛋餅即可。

牛肝菌

 CC 的烹調寶典 | CC's Cooking Tips

1. 牛肝菌是野生食用菇，國內多以販售乾牛肝菌為主，比較少見到新鮮的，所以本書中的料理都以乾牛肝菌製作。牛肝菌以地中海國家的產品品質較佳，台灣多從義大利進口。烹調前，必須先浸泡熱水約 10 分鐘再調理，浸泡的湯汁可當作高湯運用。通常用來烹調義大利燉飯、做成醬料塗抹於麵包上或燉湯等。

2. 如果想把牛肝菌醬淋在麵包上食用，那在做法 ❸ 中加入的牛奶量要減少，將馬鈴薯和牛奶攪打至如豆沙餡般的稠度。

3 人份
★☆☆

滑蛋菇菇炒河粉

|Scrambled Egg and Mushroom with Fried Rice Noodles|

每回去吃廣東料理，只要看到有這道料理，CC一定會點來吃，並且大大推薦給朋友。CC曾在曼谷的半島酒店吃過加了鱈魚風味的，更是美味，因此在寫這本書時，便設計加了鱈魚的版本。如果你不喜歡吃鱈魚，只要把鱈魚刪掉即可。

材料
Ingredients

蛋3個、廣東河粉300克、去骨鱈魚300克、高湯（參照p.63）1/3杯（容量220毫升的杯子）、蒜末1大匙、蔥花3大匙、乾的小香菇10朵、蘑菇6朵、高湯（參照p.63）1大匙、麵粉適量、紅辣椒絲適量

醃料
Marinate

米酒1/3大匙、白胡椒粉、鹽各少許

調味料
Seasonings

紹興酒1大匙、鹽少許、白胡椒粉各少許、糖1/4小匙

做法
Directions

❶ 鱈魚切成 4 塊，拌入醃料中放置 15 分鐘，然後沾裹麵粉。

❷ 河粉切寬條，乾香菇放入水中泡軟，取出瀝乾水分。

❸ 蛋去殼，放入容器中，加入 2 大匙蔥花、1 大匙高湯拌勻。

❹ 鍋中倒入 2 大匙油加熱，等油熱後放入鱈魚煎熟（不用煎至金黃色），取出。

❺ 原鍋倒入蒜末爆香，續入剩下的蔥花炒香，放入乾香菇炒香，再倒入蘑菇略炒幾下，倒入河粉輕輕拌炒幾下，再倒入 1/3 杯高湯、調味料拌勻。

❻ 接著加入鱈魚，倒入做法 ❸ 輕輕拌至蛋液稍微凝固，撒上紅辣椒絲、蔥花即可。

廣東河粉

🥚 CC 的烹調寶典 | CC's Cooking Tips

廣東河粉是以在來米製成，是港澳、東南亞等處常見的主食食材之一。多以炒、煮湯和涼拌烹調，必須放在冰箱冷藏保存。傳統市場、部分超市可以買得到。